Jóvenes *científicos*

Ríos y mares

Pam Robson

Traducción:
Diana Esperanza Gómez

Editor
Panamericana Editorial Ltda.

Dirección editorial
Conrado Zuluaga

Edición
Javier R. Mahecha López

Traducción
Diana Esperanza Gómez

Diseño
Simon Morse

Ilustrador
Tony Kenyon

Título original: Rivers and Seas

> Robson, Pam
>   Ríos y mares / Pam Robson ; traducción Diana Esperanza Gómez ; ilustraciones Tony Kenyon. — Bogotá : Panamericana Editorial, 2005.
>   32 p. : il. ; 28 cm. — (Jóvenes científicos)
>   Incluye índice y glosario.
>   ISBN 978-958-30-1840-4
>   1. Ríos – Enseñanza elemental 2. Océano – Enseñanza elemental 3. Hidrografía – Enseñanza elemental I. Gómez, Diana Esperanza, tr. II. Kenyon, Tony, il. III. Tít. IV. Serie
> I551.48 cd 19 ed.
> AJE2293
>
>   CEP-Banco de la República-Biblioteca Luis Ángel Arango

Primera edición en Gran Bretaña por Aladdin Books, 2001
Primera edición en Panamericana Editorial Ltda., diciembre 2006

© Aladdin Books
2/3 FITZROY MEWS, London W1T 6DF
© Panamericana Editorial Ltda.
Calle 12 No. 34-20 Tels.: 3603077 - 2770100
Fax: (57 1) 2373805
Correo electrónico: panaedit@panamericanaeditorial.com
www.panamericanaeditorial.com
Bogotá, D.C., Colombia

ISBN 978-958-30-1840-4

Todos los derechos reservados.
Prohibida su reproducción total o parcial, por cualquier medio, sin permiso del Editor.

Impreso por Panamericana Formas e Impresos S.A.
Calle 65 No. 95-28, Tels.: 4302110 - 4300355, Fax: (57 1) 2763008
Bogotá, D.C., Colombia
Quien sólo actúa como impresor.

Impreso en Colombia   Printed in Colombia

Contenido

Introducción **4**

La misma agua **6**

Desde su nacimiento hasta su desembocadura **8**

El agua del subsuelo **10**

Río abajo **12**

La contaminación de los ríos **14**

¿Demasiado húmedo, demasiado seco? **16**

El poder del agua **18**

En la playa **20**

Las olas y el viento **22**

En el mar **24**

Bajo el mar **26**

Contaminación del mar **28**

El más largo, el más ancho y el más profundo **30**

Glosario **31**

Índice **32**

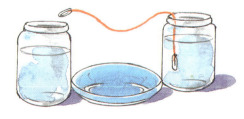

Introducción

La geografía estudia a las personas, a los lugares y sus cambios alrededor del mundo. Los cambios de la Tierra por la acción de los ríos, especialmente aquellos que se desbordan; las variaciones en la forma de nuestras costas por la acción de las fuertes olas; la existencia del agua como líquido, como hielo sólido y como gas conocido como vapor de agua; y los peligros para la flora y la fauna debido a la contaminación de ríos y mares. La geografía estudia todas estas cosas. Es importante entender los diferentes usos del agua para descubrir la importancia de los ríos y los mares sobre la Tierra.

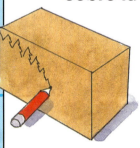

① Números como este te indican los pasos que debes seguir en la realización de los proyectos. Asegúrate, entonces, de seguir los pasos en orden correcto.

Más ideas
• En estos recuadros encontrarás información adicional acerca del proyecto que realizas en esa página o algunas sugerencias para efectuarlo.

¿Qué ocurre?

- Estos párrafos presentan la explicación geográfica de los proyectos que realizas.
- En el Glosario, en la penúltima página del libro, encontrarás el significado de las palabras más importantes.
- Utiliza siempre un atlas actualizado para saber dónde quedan los lugares.

Precaución

- Este símbolo significa que debes tener cuidado. El agua puede ser peligrosa; nunca juegues cerca de aguas profundas. Pídele a un adulto que te acompañe a hacer tus observaciones cerca de la ribera de los ríos o las costas. También, pídele ayuda cuando utilices herramientas cortopunzantes o líquidos calientes.

La misma agua

Cerca de tres cuartas partes de la superficie terrestre están cubiertas por agua. Casi toda ella se encuentra en nuestros océanos o congelada en ríos de hielo llamados glaciares. En clima cálido, el agua se evapora de los ríos y los mares, transformándose en un gas invisible llamado vapor de agua. Cuando el vapor de agua se enfría, se condensa y se transforma en agua líquida de nuevo, que cae a la Tierra en forma de lluvia. Éste es el ciclo del agua. La cantidad de agua que se encuentra alrededor de nosotros será siempre la misma, simplemente se transforma a lo largo del ciclo del agua.

Ciclo del agua

Fabrica un modelo del ciclo del agua. Necesitarás dos botellas plásticas grandes, una caja angosta de cartón, un cortador, cartón grueso, un gancho de alambre para colgar ropa, pegamento, cinta adhesiva, pintura, una bandeja de papel aluminio, cubos de hielo y agua caliente. Pídele a un adulto que te ayude a realizar los cortes, moldear los ganchos y manipular el agua caliente.

1 Dibuja el contorno de la cima de una montaña cubierta de árboles en uno de los lados de la caja. Recorta por esta línea y pinta la caja por fuera.

2 Corta una botella plástica en dos mitades a lo largo. Pega una de las mitades dentro de la caja para construir el cauce del río y desliza la bandeja "marítima" de papel aluminio dentro de la caja.

3 Retira el cuello de la otra botella plástica. Recorta nubes de cartulina y pégalas sobre los lados de la botella.

Profundidades del océano

- El océano más grande del mundo es el océano Pacífico. Si se lanza una esfera en su parte más profunda, que mide casi 10 kilómetros de profundidad, esta tardaría alrededor de una hora en llegar al fondo.

4 Con los ganchos de ropa, fabrica garfios y pégalos al otro lado de la caja tal como se muestra. Pon la botella sobre los garfios con su extremo abierto hacia atrás; debe quedar inclinada a un ángulo muy pequeño.

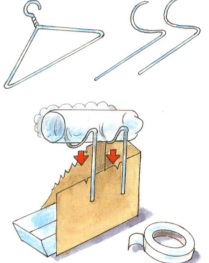

¿Qué ocurre?

- Tu modelo muestra lo que ocurre realmente en el ciclo del agua.

5 Mete los cubos de hielo dentro de la botella que se encuentra inclinada. Vierte agua caliente en la bandeja de aluminio y observa cómo el vapor de agua se eleva haciendo que la "lluvia" caiga desde la nube.

3. El viento transporta las nubes hacia tierras altas donde el aire húmedo se eleva y se enfría aún más.

4. Las nubes se desatan y la lluvia cae en los ríos que fluyen de nuevo hasta el mar.

5. Una cantidad de agua de lluvia se filtra a través del suelo.

2. El vapor de agua se eleva, se enfría y se condensa formando gotas muy pequeñas que componen las nubes.

1. El calor del Sol evapora el agua de ríos y mares.

Desde su nacimiento hasta su desembocadura

La mayoría de ríos nacen en las montañas; algunos se originan en los lagos o en glaciares que se derriten, y otros en los manantiales subterráneos. Las corrientes en las montañas son de flujo rápido y erosionan la tierra a su paso, labrando valles profundos en forma de V. Cuando el río llega a tierras más bajas, cerca del mar, fluye lentamente, erosiona valles y genera curvas en forma de U al avanzar a lo largo de grandes áreas planas de tierra, conocidas como llanuras aluviales. Las curvas naturales de estas llanuras, cuya forma traza el río, se llaman meandros.

Serpenteando alrededor

Para mostrar la facilidad con que el agua avanza y genera curvas, necesitarás: arena, bandeja panda, regla, jardinera, bloques de madera y jarra de agua.

1 Vierte arena seca en la bandeja hasta llenarla; utiliza la regla como se muestra en el dibujo para nivelar la superficie y remover la arena sobrante. Asegúrate de que la superficie quede pareja.

2 Organiza los bloques de modo que queden más altos que el borde de la jardinera. Coloca la bandeja llena de arena con un extremo sobre los bloques y el otro sobre el borde de la jardinera. Asegúrate de que la bandeja se incline ligeramente hacia la jardinera.

3 Vierte suavemente el agua sobre la arena, de modo que fluya constantemente por la pendiente. Continúa vertiendo uniformemente. Observa cómo tu "río" cambia su curso.

¿Qué ocurre?

- Todos los ríos forman meandros. Los meandros tienen curvas más pronunciadas, siempre que los ríos fluyan sobre llanuras aluviales planas.
- El agua fluye más rápido en las curvas exteriores erosionando la ribera del río. Los sedimentos transportados río abajo se depositan (caen) en aquellas partes donde el río fluye lentamente, las curvas interiores.

El flujo del río es más lento y menos profundo en las curvas interiores. Los bancos de arena o barras de arena se forman por los depósitos de sedimentos.

Si la curva de un meandro es muy cerrada, el río fluye a lo largo de la curva y genera un lago en forma de herradura.

El flujo es más rápido y profundo en las curvas exteriores. Cuando la ribera del río se erosiona se forman acantilados.

Curso antiguo del río.

Meandro

Un delta es el área baja en forma de abanico, en la desembocadura del río.

Los ríos trenzados aparecen cuando un río se transforma en un ramillete de canales; pueden también aparecer islas temporales. Las inundaciones cambian la forma de las trenzas.

Pico

Las cascadas

- Las cascadas se forman en aquellas partes donde los ríos fluyen sobre bandas de roca demasiado fuertes y resistentes a la erosión. Las cascadas pueden medir un metro de altura, formando rápidos, o mil metros de altura. El agua cae sobre las rocas desde lugares llamados picos. Pozos profundos, llamados mollas, son erosionados por rocas y piedrecillas que giran alrededor, en la base de las cascadas más altas.

Mollas

9

El agua del subsuelo

El agua que no es transportada por ríos se convierte en agua subterránea; ésta se filtra a través de grietas y poros (pequeños orificios) que se encuentran en las rocas y se acumula bajo el suelo. Las rocas que se empapan de agua como esponjas, por ejemplo la arenisca, se llaman rocas porosas. Otras rocas como la piedra caliza tienen grietas y articulaciones por donde pasa el agua. Cuando el agua de lluvia, levemente ácida, es absorbida por la roca caliza, disuelve los minerales de la roca y forma una cueva. Dentro de esta cueva, a partir de los materiales disueltos, se forman columnas de roca conocidas como estalactitas y estalagmitas.

Produce estalactitas

Produce algunas estalactitas utilizando una solución sobresaturada de bicarbonato de sodio, (ver paso 1), dos frascos, un plato, dos clips, y un trozo de lana.

2 Pon los frascos en un sitio cálido, separados levemente, con un plato en medio de ellos. Ata un clip a cada uno de los extremos del trozo de lana. Sumerge cada clip en cada uno de los frascos, como se muestra en el dibujo, de modo que la lana cuelgue sobre el plato.

1 Llena cada frasco con agua caliente. Añade bicarbonato al agua y mezcla. Continúa agregando bicarbonato hasta cuando no puedas disolver más. Esto es una solución sobresaturada.

3 Observa el lento crecimiento de la estalactita en el punto medio de la lana; su formación tomará alrededor de una semana. Registra su crecimiento a diario.

¿Qué ocurre?

- La solución de bicarbonato de sodio se filtra por la lana, se acumula y gotea en el centro de esta. Mientras el agua en la solución se evapora, los depósitos de sodio permanecen y la estalactita crece hacia abajo, en la lana.

- Las estalactitas crecen hacia abajo en el techo de las cuevas. Las estalagmitas crecen hacia arriba desde el piso. Si la dejas durante el tiempo suficiente, una estalagmita crecerá del agua que ha caído en el plato.

Inundaciones

- El agua lluvia se filtra solamente hasta cierto nivel en el suelo. El nivel al cual se detiene, donde la roca está saturada (no puede absorber más agua), se llama nivel freático.

- Las piedras calizas son rocas permeables que permiten que el agua lluvia sea absorbida a través de sus grietas hasta cuando el suelo bajo estas se sature. En lluvias frecuentes, las áreas de roca caliza por lo general se inundan, puesto que el agua se filtra a través de la roca y eleva el nivel freático.

- Las fuertes lluvias en las montañas son transportadas corriente abajo por los ríos, acarreando por lo general inundaciones en las llanuras aluviales. La gente construye defensas, diques o atracaderos para proteger sus hogares

Río abajo

Las personas por lo general, construyen asentamientos cerca de los ríos. En el área desierta de África del Norte, el río Nilo suministra agua para los agricultores que organizan sus cultivos a lo largo de su ribera. El río Nilo tiene su origen en dos afluentes, el Nilo Azul y el Nilo Blanco, los cuales se unen y fluyen hacia el mar Mediterráneo. El río Nilo es el más largo del mundo: mide aproximadamente 6700 kilómetros de longitud, una distancia mayor a la que existe entre Londres y Nueva York.

Modela el Nilo

Un mapa lineal (a la izquierda) presenta importantes puntos de referencia a lo largo del valle de un río. Para fabricar un modelo del Nilo básate en este mapa lineal; necesitas una tabla grande, periódico, harina, agua, cartón, arena, pinturas y tapas de botellas.

Utiliza tapas de botella para marcar las ciudades y los pueblos.

1 Busca el río Nilo en un atlas. Trata de identificar los puntos de referencia que se muestran en el mapa lineal. Este mapa no tiene escala, lo cual significa que registra los nombres de los lugares pero no a una distancia real.

2 Para fabricar tu modelo, dibuja la forma del Nilo en la tabla y coloréalo de azul. Luego pinta campos fértiles a lo largo del río, con verde.

3 Para fabricar montañas, mezcla arena y agua fría y obtén una masa espesa. Rasga periódico en trozos pequeños y sumérgelos en la masa para fabricar papel maché. Coloca montañas pequeñas de papel maché sobre la tabla moldeando sus picos.

Mezcla arena con pintura amarilla para crear el desierto.

Haz pirámides de cartón.

Cuando los picos de papel maché se sequen, píntalos.

4 Cuando el modelo seque, utiliza tapas de botellas y cartón para identificar la posición de puntos de referencia como pueblos y pirámides. Observa el mapa lineal para encontrar sus nombres y márcalos claramente.

El cruce de los ríos

• Probablemente, el primer puente que existió fue un árbol que cayó y atravesó una corriente de agua. En la actualidad, los ingenieros deciden qué clase de puente quieren construir estudiando el peso que debe soportar y el ancho del río.

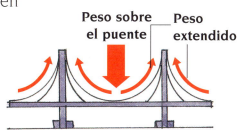

Los **puentes colgantes** se utilizan para abarcar ríos amplios o bahías, y se sostienen por cables hechos de alambre de acero.

Los **puentes levadizos** son construcciones balanceadas, en las que estructuras de acero unen sus vigas.

Los **puentes arqueados** son estructuras muy fuertes porque su peso se extiende hacia fuera y hacia abajo, alrededor de la longitud total de cada arco.

La contaminación de los ríos

La corriente es limpia y clara en el sitio de su nacimiento, en las montañas, pero más allá, río abajo, las actividades humanas producen contaminación y reducen la cantidad de oxígeno en el agua.

El agua fresca puede contaminarse tanto que las plantas y los animales mueren. Los plaguicidas esparcidos sobre los cultivos bajan hasta los ríos o son transportados por la lluvia.

La gente, por lo general, arroja basuras en los ríos; además, de materiales de desecho de las fábricas y minas.

Filtro enlodado

El agua que tomamos es filtrada y purificada antes de llegar a nuestra tubería. Tú puedes fabricar un filtro de agua utilizando una botella plástica, arena, agua, tierra, filtro de papel para café y una jarra.

1 Pídele a un adulto que corte la parte superior de la botella plástica, a 10 centímetros de la tapa. Coloca la parte superior hacia abajo dentro de la botella, y encájala firmemente.

2 Mete el filtro de papel dentro de la parte superior de la botella. Con una cuchara, riega una capa de arena en el filtro. Vierte agua suficiente sobre la arena para humedecerla.

3 Mezcla tierra y agua en la jarra. Lentamente, vierte la mezcla enlodada sobre la arena húmeda dentro del filtro. Observa cómo el agua pasa a través de la arena y se acumula en el fondo de la botella.

4 Observa el agua que se encuentra al fondo de la botella. Se ve limpia, pero ten cuidado, no es adecuada para tomar. El agua que tomamos se filtra y purifica antes de llegar a nuestra tubería. Compara el agua que filtraste con agua de tu tubería para observar la diferencia.

Desastres de la contaminación

- El Rin es el río más largo y más contaminado de Europa. En 1986, después de un incendio en la fábrica Sandoz, en Suiza, 30 toneladas de químicos cayeron al río (ver a la derecha), y recorrieron 200 kilómetros corriente abajo. Todos los seres vivos que se encontraban en el río murieron. En enero de 2000, la contaminación del río Tisza, en Hungría, mató la mayoría de sus peces en unas pocas horas.

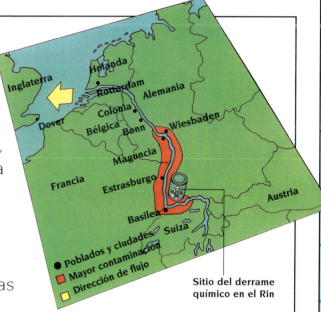

Sitio del derrame químico en el Rin

El oxígeno en el agua

- Los seres vivos que se encuentran en el agua necesitan oxígeno para sobrevivir. Gran cantidad de oxígeno es liberado de plantas acuáticas durante la fotosíntesis, a través de la cual las plantas producen su alimento utilizando la luz solar. Observa este fenómeno colocando un trozo de maleza canadiense en un tazón lleno de agua, ponlo bajo el sol y observa cómo aparecen burbujas de oxígeno.

¿Demasiado húmedo, demasiado seco?

En las zonas áridas (secas) del mundo, la lluvia no cae durante meses, el cauce de los ríos se seca y el suelo no es apto para los cultivos. Los agricultores necesitan irrigar su tierra, lo cual significa que suministran agua a los campos por lo general a través de zanjas. Los antiguos egipcios utilizaban un implemento de irrigación llamado *shaduf*, que aún se usa. Los países tropicales tienen una estación seca y una estación húmeda. En la estación húmeda caen aguaceros. Algunas veces hay sequías e inundaciones en el mismo año.

Eleva el agua

Para observar cómo funciona un *shaduf* necesitas un cortador, cartón corrugado, cinta, un vaso limpio de yogur, lana, una cuchara de madera y plastilina.

1 Pídele a un adulto que te ayude a cortar y doblar un pedazo de cartón corrugado como se muestra en el dibujo. Haz una ranura, en cada extremo, suficientemente amplia para la manija de la cuchara de madera.

Doblar

2 Amarra un trozo de lana alrededor del vaso de yogur bajo el borde, tal como se muestra, y otro sobre su parte superior para formar un aro.

3 Amarra otro trozo de lana al aro del vaso y su otro extremo a la cuchara de madera, como se muestra. Pega con la cinta una bola grande de plastilina a la cuchara.

4 Introduce y pega la cuchara a la base, hacia el extremo de la plastilina, según se indica. Deberás añadir un poco más de plastilina cuando el vaso esté lleno de agua para que la cuchara suba fácilmente.

5 Coloca tu *shaduf* al lado de un lavamanos lleno o de un balde. Baja el vaso. Cuando esté lleno, puedes elevarlo fácilmente con la cuerda y derramar el agua en otra vasija.

¿Qué ocurre?

• El *shaduf* funciona como una palanca. El peso de la plastilina facilita la elevación del vaso lleno. En Egipto, el agua es tomada del Nilo y vertida en canales para irrigar los campos.

El oasis

• El agua subterránea puede filtrarse cientos de kilómetros por el nivel freático, desde montañas distantes hasta áreas muy bajas. El oasis es el sitio donde el nivel freático emerge a la superficie. Esto puede ocurrir en una depresión en la arena o en una falla, donde la roca repentinamente se ha movido y un manantial aparece.

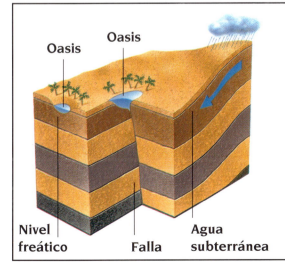

El poder del agua

El agua es una fuente de energía limpia y renovable. Su fuerza se ha utilizado durante cientos de años para trabajar. En algún tiempo, las ruedas de agua hacían girar las ruedas de los molinos. En la actualidad, turbinas de agua se encuentran enganchadas a generadores que producen electricidad; esta es la energía hidroeléctrica. Enormes represas se han construido a lo largo de los ríos para suministrar electricidad a las ciudades y los pueblos. Sin embargo, las represas perjudican las tierras que se encuentran a su alrededor y por eso se aconseja construir represas pequeñas.

La rueda hidráulica

Para fabricar una rueda hidráulica necesitas dos tapas grandes de plástico, pegamento, palos de paleta, cartón grueso, cortador, una botella plástica, una barra, una chincheta, una bandeja, pinturas, una jarra, un compás y agua.

1 Pídele a un adulto que abra un orificio pequeño en la parte superior de cada una de las dos tapas. Pégalas entre sí como se muestra en la ilustración. Pega los palos de paleta alrededor de los bordes de las tapas para fabricar remos.

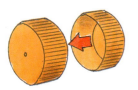

2 Pídele a un adulto que realice cortes en forma de V sobre el cartón duro. Corta y dobla el cartón y colócalo alrededor de la bandeja, tal como se muestra, para fabricar un soporte.

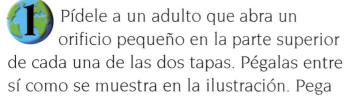

18

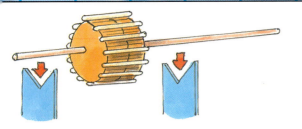

3 Pasa la barra a través de los orificios de la rueda, de modo que uno de los extremos quede más largo que el otro. Colócala sobre los cortes en forma de V, según se muestra.

4 Utiliza un compás para dibujar una circunferencia sobre el cartón. Recórtala y píntala con colores vivos. Punza su centro con una chincheta y pasa a través de este orificio el extremo largo de la barra.

5 Pídele a un adulto que corte la botella en secciones y las pegue entre sí, como se muestra. Fabrica otro soporte, esta vez cortando los extremos en forma de U, uno más alto que el otro. Pega el plástico.

6 Coloca las partes como se muestra en la ilustración. Vierte cuidadosamente agua de la jarra en el canal plástico. Observa cómo giran las ruedas.

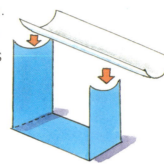

¿Qué ocurre?

• La energía del agua que cae hace girar la rueda que mueve a su vez el disco. Eleva la jarra un poco más, y de este modo la energía que añades al agua hará que la rueda gire más rápido.

• Tu disco representa la turbina que maneja el generador.

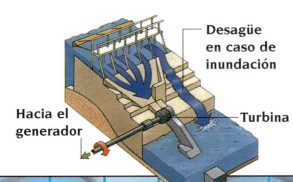

Hacia el generador — **Desagüe en caso de inundación** — **Turbina**

El poder de las mareas

• La energía del mar también se utiliza para producir electricidad. Las mareas vienen y van dos veces diariamente. Las estaciones de electricidad construidas en los estuarios utilizan turbinas que giran en dos direcciones, aprovechando la energía de la marea en cuanto viene y va.

En la playa

Las mareas del océano y las olas transforman nuestras costas. Las mareas son causadas principalmente por la fuerza de gravedad que ejerce la Luna cuando gira alrededor de la Tierra. Esta fuerza hace que los océanos a cada lado del globo sobresalgan un poco cada 12 horas más o menos (marea alta). El embate de las olas y el material que transportan causa erosión y depositación. Estos dos elementos destruyen y construyen nuestras playas y acantilados, a veces formando arcos rocosos y riscos.

Fabrica una costa

Construye un modelo de la costa con una playa arenosa, para demostrar cómo las olas pueden gradualmente alejar la arena de nuestra playa y formar riscos.

1 Necesitas una bandeja impermeable, una jarra, plastilina, arena, agua y un cartón grueso. Primero crea riscos de rocas grandes de plastilina y colócalas firmemente en uno de los extremos de la bandeja, tal como se muestra.

2 Echa arena hasta la mitad de la bandeja, asegurándote de que los riscos de plastilina se cubran completamente. Vierte lentamente agua en el resto de la bandeja.

¿Qué ocurre?

- Cuando parte de la ola golpea sobre aguas poco profundas, la ola disminuye su velocidad y se flexiona. Si las olas llegan a un cabo, su velocidad decrece, giran alrededor de éste y golpean sus extremos desgastándolo gradualmente hasta producir riscos o arcos.

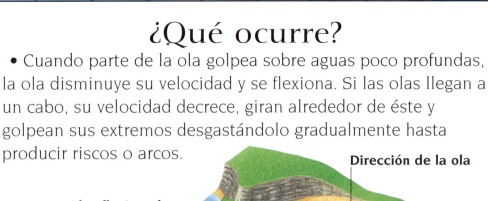

Dirección de la ola
Olas flexionadas
Riscos formados de cabos antiguos
Banco de arena

Deriva litoral

- Las ondas giran y golpean la bahía a cierto ángulo, y transportan guijarros y arena diagonalmente hacia la playa. Cuando la ola se devuelve, empuja de nuevo los guijarros y la arena cuesta abajo en ángulo recto, moviéndolos gradualmente a lo largo de una serie de patrones en zigzag. Este movimiento genera la conocida deriva litoral. Los bancos de arena también se forman de este modo.

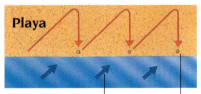

Playa
Dirección de la ola
Partículas de arena

Guijarros

- Los guijarros son rocas moldeadas por el desgaste (al frotarse entre sí) en los ríos o en los mares. Pueden ser planos o redondos, pero siempre suaves. Agita cubos de azúcar en un frasco y observa cómo los bordes de los cubos se frotan entre sí hasta suavizarse, como ocurre con los guijarros.

3 Mueve con suavidad el cartón hacia adelante y hacia atrás para producir olas. El movimiento de las olas disminuirá poco a poco y erosionará la arena produciendo los riscos. También podrás observar los arcos que se forman entre los riscos.

21

Las olas y el viento

Las olas son producidas mar adentro por el viento, que azota la superficie del agua y genera ondas que se transforman en olas a medida que el viento las fortalece y aumenta su tamaño mientras viajan a través del mar. Aunque ellas recorren grandes distancias, el agua permanece siempre en el mismo lugar moviéndose hacia arriba y hacia abajo, hasta cuando la ola golpea la costa. Una ola gigante llamada tsunami se forma cuando hay un temblor de tierra bajo el agua.

Mide la velocidad del viento

Cuanto más fuerte sea el viento mayor será la ola. Mide la fuerza del viento construyendo un anemómetro. Necesitarás cartón fuerte, una bola de ping-pong, un compás, un esfero, una regla, pegamento, cortador y una chincheta.

1. Con el compás, traza un fragmento de circunferencia en el cartón. Marca espacios iguales sobre la circunferencia (escala), de modo que puedas comparar la velocidad del viento.

2. Pídele a un adulto que corte una tira de cartón con un orificio, tal como se muestra, de modo que puedas ver la escala. Pega la bola de ping-pong a uno de los extremos.

3. Pega con la chincheta el otro extremo del cartón al círculo, sobre el sitio donde el compás hizo un hueco pequeño. Asegúrate de poder girar el cartón con facilidad. Sostén el anemómetro en un sitio donde haya mucho viento y observa el movimiento de la tira.

El movimiento de las olas

- Si lanzas una piedra en un pozo, se formarán ondas sobre la superficie. Los botes se mueven hacia arriba y hacia abajo sobre las ondas, no hacia adelante ni hacia atrás. Las olas en el mar se producen del mismo modo que estas ondas: no mueven el agua hacia adelante, solamente hacia arriba y hacia abajo.

- Como bajo las olas hay partículas de agua que se mueven hacia arriba y hacia abajo en círculos, estas giran o se rompen en la superficie. Cuando una ola alcanza la playa, no puede circular como lo hace en el agua poco profunda, por esto se apila cada vez más alto, hasta que se rompe.

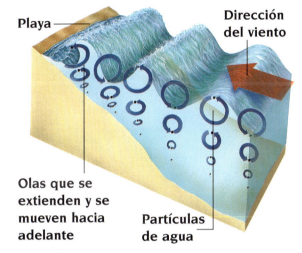

Playa
Dirección del viento
Olas que se extienden y se mueven hacia adelante
Partículas de agua

Escala de Beaufort

- Las tormentas en el mar pueden ahogar a pescadores y marineros. La escala Beaufort del viento (a la derecha) fue diseñada para los marineros en 1805 por el almirante sir Francis Beaufort. Esta escala va de 0 a 12, desde la calma total hasta el huracán. La fuerza 8 corresponde a un vendaval y la fuerza 10 es mar tormentoso. Los marineros y pescadores escuchan la radio y ponen atención a las advertencias de vendavales antes de salir al mar.

Ausencia de viento.

Movimiento de humo.

Movimiento de ramas.

Crestas sobre el agua.

Árboles flexionados.

Dificultad para caminar.

Árboles arrancados.

Devastación.

En el mar

El agua de los océanos del mundo es transportada por las corrientes de estos. Cerca de la superficie, estas corrientes son causadas por vientos preponderantes, lo que significa vientos que ocurren frecuentemente en algunos lugares. La forma de la Tierra y el piso del océano afectan las corrientes del océano profundo. La temperatura del agua del mar y su densidad (su relación entre el peso y el volumen) también afectan las corrientes. El agua muy salada de los océanos calientes, subtropicales, es más densa que el agua menos salada de los océanos fríos, polares.

Peces flotantes

Para demostrar que la sal aumenta la densidad del agua necesitas una vasija transparente, una jarra, sal, una cuchara, agua, una papa, tapas plásticas, tijeras y colorante para alimentos.

1 Prepara una solución salina añadiéndole sal a una jarra de agua hasta que quede sobresaturada (cuando ya no pueda disolverse más: alrededor de 12 cucharadas). Toma nota de la cantidad de agua que utilizas. Vierte la solución salina en la vasija.

2 Mide la misma cantidad de agua. Agrega colorante para alimentos; cuidadosa y lentamente vierte el agua con colorante sobre la parte posterior de una cuchara por encima de la solución salina que se encuentra en la taza.

3 Pídele a un adulto que corte un trozo de papa de un centímetro de espesor. Corta la forma de dos aletas sobre las tapas plásticas y adhiérelas al cuerpo de tu pez (la papa). Mete el pez en el agua y observa qué hace éste.

¿Qué ocurre?

• El pez se hundirá, y luego flotará al nivel del agua salada. Esto ocurre porque la densidad del pez es menor que la densidad del agua salada, pero mayor que la densidad del agua fresca.

Agua fresca

Agua salada

Las corrientes del océano

• Las corrientes se mueven según patrones circulares llamados a menudo espirales. En el Hemisferio Norte, giran en el sentido de las manecillas del reloj, y en el Hemisferio Sur, al contrario. Algunas corrientes son cálidas y otras muy frías. Las corrientes del océano calientan o enfrían el aire que se encuentra sobre ellas ejerciendo un efecto sobre el clima de la Tierra.

Las corrientes heladas del Ártico se encuentran con las corrientes cálidas del sur.

Corrientes cálidas
Corrientes frías

El Niño

• El Niño es una corriente cálida poco frecuente que afecta al océano Pacífico cada determinado número de años, durante la época de Navidad, y afecta el clima mundial; se cree que es el causante de las enormes sequías de África del Sur, las inundaciones del California y los huracanes del Atlántico.

El agua cálida de El Niño se mueve hacia Suramérica.

25

Bajo el mar

La parte levemente inclinada del lecho marino alrededor de los continentes se llama plataforma continental y está cubierta por áreas poco profundas, pero en realidad son parte del continente. La arena y la gravilla de la plataforma continental son ricas en minerales. Gran parte de los depósitos de gas y petróleo mundiales también se encuentran bajo el mar. El petróleo y el gas son combustibles fósiles, formados hace millones de años en capas de rocas llamadas rocas sedimentarias. Estos recursos se encuentran en aquellos sitios donde la arena o el cieno se asentaron en el lecho marino y enterraron residuos de plantas o animales. El combustible fósil no es renovable, lo que significa que se extinguirá.

1. Plantas y animales muertos fueron sepultados por sedimentos que se endurecieron en rocas porosas.

2. Con los años, la presión y el calor actuaron sobre la roca.

Ellos convirtieron a las plantas y a los animales muertos en petróleo y gas.

3. La presión subterránea obliga al petróleo y al gas a subir por la roca porosa.

Modelo de combustible fósil

Fabrica un modelo que muestre cómo se formó el combustible fósil. Necesitas cartón grueso, tijeras, pegamento, arena y pinturas.

24 cm

35 cm

24 cm

1 Dibuja la figura que se muestra, sobre el cartón grueso. Pídele a un adulto que te ayude a medir, cortar y doblar el cartón en forma de caja.

2 Pinta tu caja con las capas del mar, rocas, gas y petróleo, como se muestra en la figura. Esparce pegamento y vierte arena para crear un efecto realista. Dibuja y corta un modelo de torre de perforación y colócalo sobre el petróleo.

6. Torres de perforación excavan hacia las reservas y bombean el petróleo.

4. El petróleo y el gas llegan hasta rocas no porosas a través de las cuales no pueden pasar.

5. El petróleo (en negro) y el gas (en verde) atrapados forman depósitos subterráneos llamados reservas.

El calentamiento global

• El combustible fósil no renovable que se quema libera gases contaminantes, como el dióxido de carbono. Se cree que las temperaturas mundiales están en incremento porque estos gases, llamados de invernadero, atrapan demasiado calor dentro de la atmósfera de la Tierra. Este problema ambiental se llama calentamiento global.

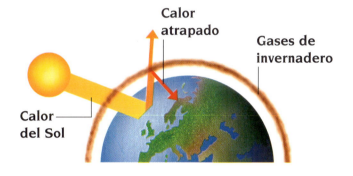

Calor atrapado
Gases de invernadero
Calor del Sol

• Demasiado calentamiento global derretirá las capas de hielo polar y elevará los niveles del mar alrededor del mundo, inundando las áreas costeras. El problema podría reducirse si fuentes renovables y más limpias de energía, como el agua y el viento, se utilizaran a cambio de combustibles fósiles.

27

Contaminación del mar

En la actualidad, la población mundial asciende a más de 6 mil millones de personas. Más gente significa más desechos. Nuestros océanos están convirtiéndose en campos de basura. El agua contaminada está destruyendo las cadenas alimentarias del mar. Los desastres ocasionados por buques petroleros devastan grandes áreas de nuestros mares y costas, matando o lastimando miles de aves, mamíferos y peces. Los científicos y científicas tratan los derrames de petróleo de diversos modos, uno de los cuales consiste en dispersarlo (descomponerlo) utilizando químicos.

Agua aceitosa

Fabrica algunos dibujos "grasosos" para observar cómo el aceite flota y cómo descomponerlo. Necesitas una vasija, vasos plásticos, pinturas a base de aceite, trementina, agua, un palillo y detergente.

2 Llena la taza de agua, vierte tus pinturas y mezcla con un palillo para producir un aceite grasoso.

1 Pídele a un adulto que te ayude a mezclar en un vaso algunas gotas de pintura a base de aceite con un poco de trementina. Prepara diferentes colores.

3 Introduce una hoja de papel en el agua. Deja que se impregne de pintura, retírala y déjala secar. Mezcla el agua de nuevo y repite el procedimiento para obtener diferentes patrones grasosos.

28

4 Ahora, vierte un poco de detergente sobre la pintura grasosa; agita con el palillo la mezcla y observa cómo la "grasa" se dispersa.

¿Qué ocurre?

- El aceite es menos denso que el agua, lo cual significa que flota sobre esta. El detergente divide la capa aceitosa en gotas pequeñas, las cuales se sumergen para mezclarse con el agua que se encuentra más abajo.

Desastres de petróleo

- Cuando el buque petrolero *Erika* se hundió en la costa de Francia, en 1999, casi 18 000 aves marinas con alas cubiertas por el petróleo fueron recogidas de la playa. En 1989, el *Exxon Valdez* (a la derecha) encalló en Alaska y derramó alrededor de 35 000 toneladas de petróleo, contaminó 1900 kilómetros de costa y mató 300 000 aves marinas, 5000 nutrias marinas exóticas y gran cantidad de focas y peces.

■ Línea costera afectada
■ Hábitat de aves marinas
■ Hábitat de nutrias marinas

Destrucción de los arrecifes de corales

- Los arrecifes de corales son resaltos submarinos formados por seres vivos muy pequeños llamados pólipos que se encuentran solamente en mares tropicales cálidos y son el hogar de una sorprendente variedad de vida marina. Los arrecifes de corales requieren agua cristalina para sobrevivir; una décima parte de los arrecifes de corales del mundo han sido tan fuertemente atacados por la contaminación, que será imposible recuperarlos.

El más largo, el más ancho y el más profundo

Los océanos y mares del mundo cubren 361 millones de kilómetros cuadrados (km^2), lo que equivale a más del 70% del área de la superficie de la Tierra.

Océanos y mares más grandes del mundo

Océano Pacífico: 166 384 000 km^2.
Océano Atlántico: 82 217 000 km^2.
Océano Índico: 73 481 000 km^2.
Océano Ártico: 14 056 000 km^2.
Mar Mediterráneo: 2 505 000 km^2.
Mar del Sur de China: 2 318 000 km^2.

Lagos más grandes del mundo

Mar Caspio (Asia): 371 000 km^2.
Lago Superior (Norteamérica): 83 000 km^2.
Lago Victoria (África): 69 000 km^2.
Mar Aral (Asia): 65 000 km^2.
Lago Hurón (Norteamérica): 61 000 km^2.

Ríos más largos del mundo

Nilo (África): 6695 km.
Amazonas (Suramérica): 6516 km.
Yangtsé (Asia): 6380 km.
Mississippi - Missouri (Norteamérica): 6020 km.
Obi-Irtish (Asia): 5570 km.
Huang Ho (Asia): 5464 km.
Congo (África): 4667 km.
Mekong (Asia): 4425 km.

Fosas oceánicas más profundas del mundo (todas en el océano Pacífico)

Fosa de las Marianas: 11 022 m.
Fosa de Tonga: 10 822 m.
Fosa de Japón: 10 554 m.

Cataratas más altas del mundo

Salto Ángel (Suramérica): 979 m.
Cuquenán (Suramérica): 610 m.
Giessbach (Europa): 604 m.
Rey Jorge VI (Suramérica): 488 m.
Gavarnie (Europa): 422 m.
Jog (Asia): 253 m.
Sutherland (Oceanía): 248 m.
Tugela (África): 182 m.
Victoria (África): 108 m.
Niágara (Norteamérica): 54 m.

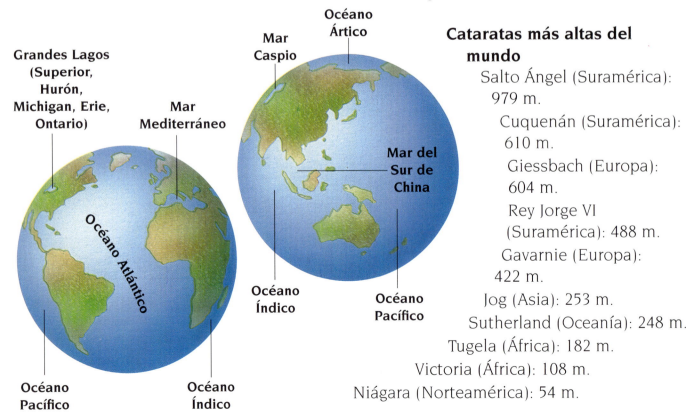

Glosario

Afluente (tributario)
Pequeña corriente o río que se une a un río principal.

Agua subterránea
Agua que se encuentra bajo el suelo.

Calentamiento global
Elevación de la temperatura mundial cuando el calor es atrapado en la atmósfera de la Tierra, a causa de la contaminación del aire.

Combustibles fósiles
El carbón, petróleo o gas formados a partir de desechos de seres vivos.

Condensación
Cambio ocurrido cuando el vapor del agua (gas) se transforma en agua (líquido) como resultado del enfriamiento.

Depositación
Formación de una capa de residuos de material erosionado, transportados por el aire, agua o hielo.

Desgaste
Desgaste de trozos de rocas transportados por el aire, agua o hielo.

Energía hidroeléctrica
Energía eléctrica obtenida a partir de generadores operados por turbinas de agua.

Erosión
Desgaste del suelo ocasionado por fuerzas naturales como olas, viento o lluvia.

Escala de Beaufort
Escala del 0 al 12 que clasifica la fuerza del viento.

Estalactita
Crecimiento de carbonato de calcio que cuelga del techo de una cueva, en la roca caliza.

Estalagmita
Columna de carbonato de calcio que crece hacia arriba en el piso de una cueva con roca caliza.

Evaporación
Se genera cuando la insolación hace que el agua se transforme en vapor de agua (un gas). Es opuesto a la condensación.

Irrigación
Sistema diseñado para transportar agua hacia la tierra, para hacer crecer los cultivos.

Lago en forma de herradura
Lago que se genera en donde el río pasa a través del cuello angosto de un meandro.

Mapa lineal
Mapa plano que muestra la localización y la dirección según la brújula, no la distancia exacta.

Meandro
Curva pronunciada de un río.

Nivel freático
Nivel de agua sobre la tierra bajo el cual las rocas se saturan completamente.

Oasis
Fuente de agua en áreas de desierto caliente, donde el nivel freático alcanza la superficie.

Roca permeable
Roca como la piedra caliza que permite que el agua pase a través de grietas y articulaciones.

Roca porosa
Roca como la arenisca que permite que el agua pase a través de los poros y los orificios de aire.

Índice

acantilados 9
afluentes 12, 31
agua
  de lluvia 7, 10, 11, 16
  para tomar 14, 15
  subterránea 10, 17, 31
arcos 20, 21
arrecifes de corales 29

calentamiento global 27, 31
cascada 9
cataratas 30
ciclo de agua 6, 7
combustibles
  fósiles 26, 27, 31
condensación 6, 7, 31
contaminación 4, 14, 15, 27, 28, 29, 31
corrientes 24, 25
costas 4, 5, 20, 27, 28
cuevas 10, 31

deltas 9
densidad 24, 25, 29
depositación 9, 20, 31
deriva litoral 21
desastres de petróleo 28, 29
desgaste 21, 31

energía
  hidroeléctrica 18, 31
erosión 8, 9, 20, 31
escala de Beaufort 23, 31
estalactitas 10, 11, 31
estalagmitas 10, 11, 31
evaporación 6, 7, 11, 31

fosas 30

glaciares 6, 8
guijarros 21

huracanes 23, 25

inundación 9, 11, 16, 19, 25, 27
irrigación 16, 17, 31

lagos 8, 30
  en forma de herradura 9, 31
llanuras aluviales 8, 9, 11

manantial 8, 17
mapas lineales 12, 31
mareas 19, 20
meandros 8, 9, 31
minerales 10, 26
montañas 6, 8, 11, 13, 14, 17

nivel freático 11, 17, 31
Niño, El 25
nubes 7

oasis 17, 31
olas 20, 21, 22, 23, 31

palancas 17
plataforma continental 26
playas 20, 21
poder de las mareas 19
puentes 13

represa 18
riscos 20, 21
roca
  arenisca 10, 31
  caliza 10, 11, 31
  permeable 11
  porosa 10, 26, 31
  sedimentaria 26

sequía 16, 25

tsunamis 22

valles 8, 12
vapor del agua 6, 7, 31
vendavales 23
viento 7, 22, 23, 24, 27, 31

Créditos de las figuras.
Abreviaturas: s: superior; m: medio; i: inferior; d: derecha; iz: izquierda; c: centro.
Todas las imágenes fueron suministradas por Select Pictures, excepto: 4md, 29iiz-Stockbyte; 8miz - Gary Braash/CORBIS; 10sd,14m - Corbis Royalty Free; 12md - Roger Word/CORBIS; 16miz - Pat J. Grooves; Ecoscene/Corbis. 19id Yann Arthus - Bertrand/Corbis; 20md Michael Busselle/CORBIS; 23miz - Roger Ressmeyer/Corbis; 25md - Digital Stock; 25iiz /NASA; 25im - Annie Griffiths Belt/Corbis.